BEI GRIN MACHT SICH IHR WISSEN BEZAHLT

- Wir veröffentlichen Ihre Hausarbeit, Bachelor- und Masterarbeit

- Ihr eigenes eBook und Buch - weltweit in allen wichtigen Shops

- Verdienen Sie an jedem Verkauf

Jetzt bei www.GRIN.com hochladen und kostenlos publizieren

Micha Luther

Lernen und Gedächtnis im Schlaf

GRIN Verlag

Bibliografische Information der Deutschen Nationalbibliothek:

Die Deutsche Bibliothek verzeichnet diese Publikation in der Deutschen National-
bibliografie; detaillierte bibliografische Daten sind im Internet über http://dnb.d-
nb.de/ abrufbar.

Impressum:

Copyright © 2014 GRIN Verlag GmbH
Druck und Bindung: Books on Demand GmbH, Norderstedt Germany
ISBN: 978-3-656-82722-1

Dieses Buch bei GRIN:

http://www.grin.com/de/e-book/283193/lernen-und-gedaechtnis-im-schlaf

GRIN - Your knowledge has value

Der GRIN Verlag publiziert seit 1998 wissenschaftliche Arbeiten von Studenten, Hochschullehrern und anderen Akademikern als eBook und gedrucktes Buch. Die Verlagswebsite www.grin.com ist die ideale Plattform zur Veröffentlichung von Hausarbeiten, Abschlussarbeiten, wissenschaftlichen Aufsätzen, Dissertationen und Fachbüchern.

Besuchen Sie uns im Internet:

http://www.grin.com/

http://www.facebook.com/grincom

http://www.twitter.com/grin_com

Albert-Ludwigs-Universität Freiburg
Romanisches Seminar
HS: Sprache und Gehirn
17.07.2014
Micha Luther
2923975

Lernen und Gedächtnis im Schlaf

Inhalt

I. Einleitung

Warum wir schlafen müssen und welche Vorgänge genau während des Schlafes im Gehirn stattfinden, ist eine Frage, die heute noch sehr aktuell und nicht weitreichend erforscht ist. Keine bestehende Theorie, die erklären kann, warum der Schlaf für uns lebensnotwendig ist, konnte sich bisher durchsetzen. Wie wir jedoch wissen, spielt der Schlaf eine besondere Rolle, wenn es um die Einordnung, Umstrukturierung und Festigung von Erinnerungen geht. Hier soll nun darauf eingegangen werden, was die neusten Erkenntnisse im Hinblick auf diese sogenannte Gedächtniskonsolidierung im Schlaf sind, wie das Gehirn im Schlaf mit neuen Lerninhalten umgeht, sie sortiert und verarbeitet.

Dazu soll zunächst auf die theoretischen Grundlagen des Schlafes im Allgemeinen (z.b. verschiedene Schlafphasen) eingegangen werden sowie auf die Grundlagen von Lernen und Gedächtnis und auch auf die verschiedenen Gehirnareale, in denen die Lerninhalte verarbeitet werden. So kann dann im nächsten Teil näher dargestellt werden, welche Phasen während des Schlafs für die Gedächtniskonsolidierung von besonderer Bedeutung sind und welche verschiedenen Arten des Lernens auf unterschiedliche Weise im Schlaf verarbeitet werden. Dazu sollen aktuelle Studien und Aufsätze herangezogen und genauer vorgestellt werden, die sich mit diesem Thema auseinandergesetzt haben.

Besonders hervorzuheben ist dabei die Arbeit von Susanne Diekelmann und Jan Born: The memory function of sleep (2010)[1]. Jan Born, Neurowissenschaftler an der Universität Tübingen, ist einer der Vorreiter im Gebiet der Schlaf- und Gedächtnisforschung, die sich mit dem Schwerpunkt Gedächtniskonsolidierung während des Schlafes beschäftigt. Außerdem liegen zahlreiche andere Studien vor, die darauf abzielten, herauszufinden, inwieweit sich die Gedächtnisleistung im Schlaf verbessert bzw. welche Faktoren die Gedächtniskonsolidierung beeinflussen können. Außerdem werden verschiedene Modelle vorgestellt, die den Ablauf der Gedächtniskonsolidierung während des Schlafs erklären sollen, z.B. das Modell der aktiven Systemkonsolidierung, welches auf dem Zwei-Stufen-Modell von Kurz- und Langzeitgedächtnis basiert oder auch das Modell der synaptischen Homöostase.

---

[1] Born J, Diekelmann S: The memory function of sleep. *Nat Rev Neurosci 11: 114-126* (2010).

II. Theoretische Grundlagen

II.1. Schlaf und Schlafphasen

Anfang der 1920er Jahre gelang dem deutschen Psychiater Hans Berger die Entwicklung des Enzephalogramms (EEG) mit dem die Messung der elektrischen Hirnströme möglich wurde. Wie sich herausstellte, verändern sich diese Hirnströme im Laufe der Nacht im menschlichen Schlaf wesentlich. So wurden z.b. durch Blake und Gerard langsamer werdende EEG Wellen im Schlaf nachgewiesen, dies wurde später mit einer zunehmenden Schlaftiefe in Verbindung gebracht[2]. Anfang der 1950er Jahre beschrieben Aserinsky und Kleitmann Auffälligkeiten in Form von plötzlich einsetzenden, schnellen Augenbewegungen[3]. Die Schlafphase, in der dieses Phänomen am häufigsten auftritt, wurde dementsprechend REM Schlaf (*rapid eye movement sleep*) genannt. Durch Experimente, bei denen Probanden gezielt aus dem REM Schlaf geweckt wurden, ist außerdem bekannt, dass diese Phase besonders mit lebhaften Träumen einhergeht. Daher wird der REM Schlaf auch oft Traumschlaf genannt.

Später wurden die Schlafphasen des normalen Schlafes nach noch genaueren Kriterien, die sich aus der Auswertung des EEG ergaben, standardisiert und eingeteilt. Demnach unterscheidet man, abgesehen vom Wachzustand, zwischen fünf verschiedenen Schlafstadien. Davon ist einer der REM-Schlaf, die anderen non-REM Schlafstadien werden zumeist als S1-S4 gekennzeichnet, wobei S4 das tiefste Schlafstadium beschreibt. Die beiden tiefsten Schlafstadien S3 und S4 werden zusammen unter dem Namen SWS Schlaf (*slow wave sleep*) eingeordnet, oft auch Tiefschlaf genannt. Die Phasen S3 und S4 werden durch eine noch höhere Amplitude und niedrigere Frequenz der EEG Oszillationen als in den beiden vorhergehenden Stadien bestimmt. Liegt der Anteil dieser sogenannten Delta-Wellen über 50%, so befindet sich die Person im Stadium 4. Der REM Schlaf unterscheidet sich hingegen gravierend von den SWS Phasen. Die hier auftretenden Wellen sind viel schneller und ähneln eher dem Stadium 1, was den Übergang vom Wachzustand beschreibt oder im Schlaf nach Körperbewegungen auftritt[4].

---

[2] Engelmann S.: Prozedurale Gedächtniskonsolidierung während Schlaf- und ruhiger Wachperioden am Tag, Phil. Diss., Freiburg 2010, S.2.

[3] Ebd., S.2.

[4] Born: Memory, S.115.

Der Verlauf der Schlafphasen von S1 bis zum REM Schlaf wird als ein Schlafzyklus beschrieben. Dieser dauert in der Regel von etwa 80 bis zu 100 Minuten und wiederholt sich während einer Nacht gewöhnlich vier bis sechs Mal[5]. Besonders fällt auf, dass in der ersten Hälfte der Nacht die SWS Phasen deutlich überwiegen, während in der zweiten Nachthälfte die REM Phasen, die von lebhaften Träumen geprägt sind, dominieren. In der Abbildung 1a sehen wir einen typischen Verlauf einer Nacht, wie sie bei gesunden jungen Erwachsenen auftritt. In Abbildung 1b sehen wir spezifische Muster von Oszillationen, wie sie in den verschiedenen Phasen besonders häufig auftreten. Typisch für den SWS Schlaf sind hierbei neben den langsamen Oszillationen auch die sogenannten Spindeln sowie die *sharp-wave-ripples*. Über diese Oszillationen können Rückschlüsse auf Aktivitäten im Neokortex und Hippocampus geschlossen werden, die eng mit der Gedächtniskonsolidierung zusammenhängen, wie sich durch Experimente gezeigt hat (siehe auch III.5.). Der REM Schlaf wird hingegen typischerweise von PGO (*ponto-geniculo-occipital*) Wellen und *theta activity* begleitet[6].

Sowohl die Schlafdauer wie auch die Schlafarchitektur ändern sich jedoch im Laufe des Lebens erheblich. Beispielsweise ist der Anteil an REM Schlaf während der ersten Lebensmonate ungefähr doppelt so hoch wie beim Erwachsenen. Der Tiefschlaf in der 4. Phase nimmt kontinuierlich im Laufe des Lebens deutlich ab, so ist er bei jungen Menschen noch sehr ausgeprägt, während er im Alter fast gar nicht mehr vorkommt[7].

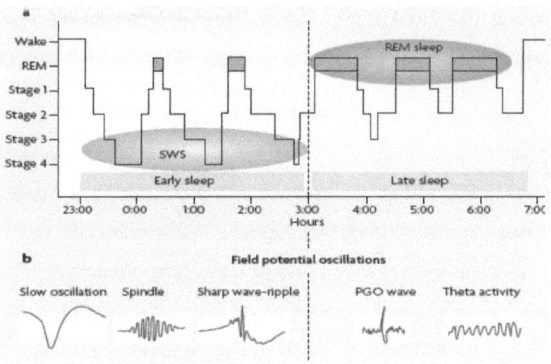

Abbildung 1. Schlafphasen und Oszillationen. Born, S.115.

---

[5] Engelmann: Gedächtniskonsolidierung, S.4.

[6] Born: Memory, S.115.

[7] Engelmann: Gedächtniskonsolidierung, S.5.

II.2. Lernen und Gedächtnis

Lernen und Gedächtnis bezieht drei unterschiedliche Phasen ein: Informationsaufnahme, Konsolidierung und Informationsabruf. Je nach Art der Information finden diese Prozesse auf verschiedene Weise statt. Grundsätzlich kann das Gedächtnis in zwei Komponenten unterteilt werden: Das Kurzzeitgedächtnis (auch Arbeitsgedächtnis genannt) sowie das Langzeitgedächtnis. Im Kurzzeitgedächtnis werden Inhalte nur vorübergehend behalten, bevor sie entweder vergessen oder ins Langzeitgedächtnis übertragen werden.

Eine nähere Unterteilung des Langzeitgedächtnisses ist in Abb. 2 zu sehen. Hier wird grundsätzlich zwischen dem deklarativen und dem prozeduralen (oder auch nondeklarativen) Gedächtnis unterschieden. Das deklarative Gedächtnis ermöglicht es uns, uns an Fakten und Ereignisse zu erinnern. Um die Information abzurufen wird ein aktiver Suchprozess benötigt. Das deklarative Gedächtnis kann erneut unterteilt werden in das episodische Gedächtnis („Ereigniswissen") und das semantische Gedächtnis („Faktenwissen"). Im episodischen Gedächtnis werden Ereignisse bzw. Erlebnisse aus der eigenen Vergangenheit gespeichert (was ist passiert, wo und wann?). Im semantischen Gedächtnis wird hingegen allgemeines Wissen um Fakten und Bedeutungen (die nicht unbedingt an ein spezifisches Ereignis gebunden sind) verankert. Beispielsweise „Paris ist die Hauptstadt von Frankreich". Deklarative Gedächtnisinhalte werden meist bewusst aufgenommen und wieder abgerufen, dieser Vorgang wird als explizites Lernen bezeichnet[8].

Im prozeduralen (non-deklarativen) Gedächtnis werden z.b. motorische Fertigkeiten erlernt (Klavierspielen, Gehen, Fahrradfahren). Diese Inhalte werden zumeist unbewusst erlernt und abgerufen (Implizites Lernen). Wir können z.b. gehen oder Fahrrad fahren ohne uns dabei bewusst an jede Muskelbewegung erinnern zu müssen. Ebenfalls Teil des non-deklarativen Gedächtnisses ist die klassische oder die operante Konditionierung (auch hier wird unbewusst gelernt). Das sogenannte Priming – ebenfalls Teil des non-deklarativen Gedächtnisses – beschreibt eine unbewusste Erwartungshaltung,

---

[8] Vgl. Birbaumer N, Schmidt R: Biologische Psychologie. 7. überarb. u. erg. Auflage, Heidelberg 2010, S.201.; Brudy J: Schlaf und Gedächtnis. Spektralanalyse des Schlaf-Elektroenzephalogramms und Gedächtniskonsolidierung bei Patienten mit primärer Insomnie und gesunden Probanden, Phil. Diss., Freiburg 2009, S. 21f..

die wir gegenüber einem bestimmten Reiz einnehmen, da ein vorangegangener Reiz uns beeinflusst hat. So werden z.B. Gegenstände, die wir nur im Augenwinkel gesehen haben und nicht bewusst wahrgenommen haben, wenn wir ihnen erneut in Form eines Reizes begegnen, besser erkannt, als wie wenn wir sie noch nie gesehen hätten. Ein anderes Beispiel wäre, dass etwa die Bedeutung des Wortes „Krankenschwester" schneller erfasst wird, wenn wir zuvor schon das Wort „Doktor" gelesen haben. Auch hier wird unbewusst, nachdem wir die Bedeutung des ersten Wortes erfasst haben, eine Erwartungshaltung eingenommen, welche die Erfassung des folgenden Reizes beeinflussen kann[9].

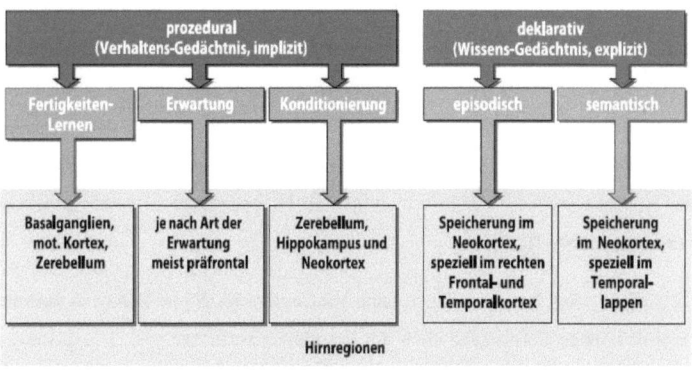

Abbildung 2. Langzeitgedächtnis. Birbaumer, S. 203.

II.3. Gehirnareale und ihre Funktionen beim Lernen

Unterschiedliche Gedächtnisinhalte werden in unterschiedlichen Bereichen des Gehirns verarbeitet und gespeichert. In Abbildung 3 sieht man den Querschnitt des Gehirns und fürs Lernen relevante Hirnbereiche. Eine bedeutende Rolle für alle Arten von Lerninhalten spielt der Neokortex (oder auch: Großhirnrinde, engl.: *cerebral cortex*), insbesondere für die Langzeitspeicherung von Informationen, aber auch für die Verarbeitung von Inhalten des Kurzzeitgedächtnis die dann ebenso noch in anderen Hirnbereichen umstrukturiert werden. Für das Kurzzeitgedächtnis ist im Neokortex vor allem der

---

[9] Vgl. Birbaumer: Psychologie, S. 202.

präfrontale Bereich zuständig. In anderen Bereichen werden sowohl deklarative als auch prozedurale Gedächtnisinhalte aufgenommen, nachdem sie in anderen Hirnbereichen verarbeitet wurden. Für die Weiterverarbeitung von prozeduralen Gedächtnisinhalten ist außer dem motorischen Kortex (mittlerer Bereich im Neokortex, der sich in einem Streifen von der einen zur anderen Seite erstreckt) insbesondere das Striatum mit den Basalganglien von Bedeutung. Aber auch das Zerebellum spielt eine entscheidende Rolle bei der prozeduralen Gedächtnisverarbeitung, insbesondere was die zeitliche und räumliche Abstimmung motorischer Fähigkeiten angeht und auch bei der Konditionierung[10].

Für deklaratives Lernen ist abgesehen vom Neokortex der Hippocampus der wichtigste Bereich im Gehirn. Hier werden deklarative Inhalte reaktiviert, verarbeitet und zurück in andere Bereiche des Neokortex näher des Hippocampus zur Langzeitspeicherung übertragen. Bei der Konsolidierung deklarativer Gedächtnisinhalte lässt sich daher ein fortlaufender Dialog von Informationsabläufen zwischen Hippocampus und Neokortex feststellen. Man spricht hier auch von Hippocampus-abhängigen Lernvorgängen, während das Erlernen prozeduraler Informationen als Hippocampus-unabhängig bezeichnet wird (siehe auch Kap. III)[11].

Natürlich können bei Lernvorgängen auch sehr unterschiedliche Faktoren zusammenspielen, z.B. können Lerninhalte auch mit Emotionen verknüpft sein. Diese werden im Gehirn vor allem in der Amygdala verarbeitet und können sowohl auf deklarative als auch auf prozedurale Lernvorgänge Einfluss haben. Beispielsweise können besonders emotionsreiche Erlebnisse zu deutlich lebhafteren und langanhaltenden deklarativen Erinnerungen führen. Ebenso können Lerninhalte mit einer bestimmten Motivation verbunden sein (z.B. Belohnung oder Bestrafung), was nachweislich auch das Ergebnis der Lernleistung beeinflussen kann, da auch hier andere Bereiche im Gehirn an der Verarbeitung der Informationen mitwirken[12].

---

[10] Eichenbaum H.: Memory and the Brain. *Scholarpedia 3(3)* (2008), *S.1747.*

[11] Vgl. Born: Memory, S.114.

[12] Ebd., S.116.

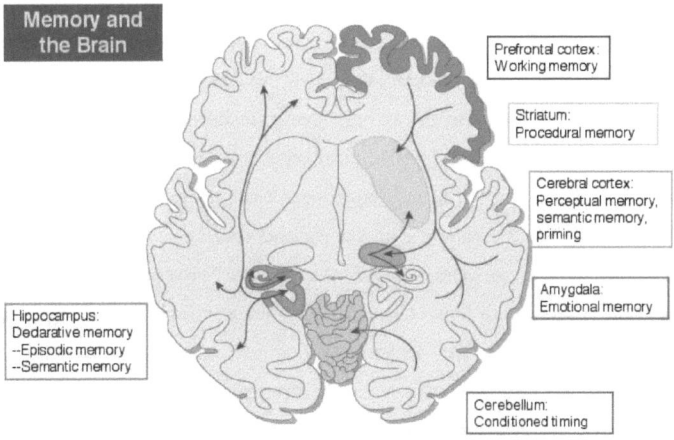

Abbildung 3: Aktivierte Gehirnareale beim Lernen. Eichenbaum, S. 1747.

III. Lernen und Gedächtnis im Schlaf

III.1. Die Theorie der aktiven Systemkonsolidierung

Ein grundlegendes Problem bei der Bildung des Langzeitgedächtnis ist das sogenannte Dilemma zwischen Plastizität und Stabilität, d.h. das Problem, wie das Gehirn neue Informationen speichern kann (Plastizität), ohne dabei alte Informationen zu überschreiben (Stabilität). Zur Lösung dieses Problems ist heutzutage das bereits zuvor erwähnte zwei-Stufen-Modell von Kurz- bzw. Langzeitgedächtnis allgemein anerkannt.

Im Kurzzeitgedächtnis können Informationen schneller gelernt werden und es dient als zwischenzeitlicher Puffer, der die Informationen nur vorübergehend behält. Das Langzeitgedächtnis nimmt Informationen langsamer auf, dient dafür aber als längerfristiger Speicher.

Jan Born und Susanne Diekelmann entwickeln zur Erklärung der Gedächtniskonsolidierung das Modell der sogenannten aktiven Systemkonsolidierung (*active system consolidation*). Die Theorie der aktiven Systemkonsolidierung besagt, dass neue Informationen zunächst in beiden Speichern aufgenommen werden. Im darauffolgenden Konsolidierungsprozess werden die neu aufgenommenen Informationen wiederholt im Kurzzeitspeicher reaktiviert, was eine gleichzeitige Reaktivierung im Langzeitspeicher anregt. Auf diese Weise werden neue Erinnerungen schrittweise neu verteilt, so dass Informationen im Langzeitgedächtnis gefestigt werden. Dabei werden neue Erinnerungen nicht isoliert reaktiviert, sondern zusammen mit anderen, älteren Erinnerungen in Verbindung gebracht, die einen Bezug oder eine Ähnlichkeit gegenüber den neuen Erinnerungen aufweisen. So agiert das Kurzzeitgedächtnis gewissermaßen als „Trainer" des Langzeitgedächtnisses, der neue Erinnerungen nach und nach an das bereits existierende Netzwerk von Informationen im Langzeitspeicher anpasst. Diese Theorie wird „Systemkonsolidierung" genannt, weil es dabei zu einer Neuverteilung von Informationen zwischen zwei verschiedenen neuronalen Systemen, nämlich dem Kurz- und dem Langzeitgedächtnis, kommt. Bei deklarativen Lerninhalten werden diese Systeme insbesondere durch den Hippocampus als Kurzzeitspeicher bzw. durch den Neokortex als Langzeitspeicher repräsentiert. Da im Wachheitszustand das Gehirn vor allem mit der Aufnahme von neuen Informationen beschäftigt ist, findet dieser Konsolidierungsprozess zwar nicht ausschließlich, aber doch hauptsächlich während des Schlafes statt. Die aufgestellte Hypothese wäre also, dass wir schlafen müssen und den damit einhergehenden Verlust des Bewusstseins in Kauf nehmen müssen, damit unser Gehirn nicht der Interferenz von ständig eingehenden Reizen ausgesetzt ist, die die Gedächtniskonsolidierung behindern würden[13].

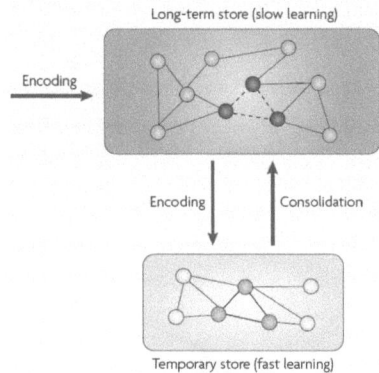

Abbildung 4: Zwei-Stufen Gedächtnismodell. Born, S.118.

---

[13] Vgl. Born: Memory, S. 118; Göder R. et al.: Schlaf, Lernen und Gedächtnis. Relevanz für Psychiatrie und Psychotheorapie. Heidelberg 2014, S.50.

III.2. Qualitative und quantitative Gedächtniskonsolidierung

Die These, dass im Schlaf das Gedächtnis konsolidiert wird, ist nicht neu. Viele Studien zeigen bereits, dass durch Schlaf sowohl deklarative als auch prozedurale Lerninhalte gefördert werden, denn nach dem Schlafen schneiden Probanden bei einem Test, in dem das zuvor Gelernte überprüft wird, meist besser ab als vor dem Schlafen. Auf der anderen Seite gibt es so gut wie keine Hinweise, die das Gegenteil belegen würden (also dass Schlafen zu Vergessen führen würde)[14]. Allerdings gibt es viele offene Fragen in Bezug auf die genauen Prozesse, die mit der Gedächtniskonsolidierung zusammenhängen. Wie und wo genau die Erinnerungen im Gehirn verändert werden, in welchen Phasen des Schlafes dies geschieht und welche unterschiedlichen Arten von Erinnerungen dabei betroffen sind, dies sind Fragen, die noch nicht komplett erforscht sind.

Gedächtniskonsolidierung im Schlaf kann zum Einen zu einer Vermehrung bzw. Verstärkung von Informationen führen. Das bedeutet, dass wir einerseits Informationen stabilisieren, sie gegen Interferenz ähnlicher Lerninhalte schützen und sie dann auch besser wieder abrufen können. Das zeigen Experimente, in denen Testpersonen, nachdem sie geschlafen haben, bei einer Lernaufgabe bessere Ergebnisse zeigten. Zum anderen gibt es allerdings auch Testergebnisse, die darauf hinweisen, dass bei der Gedächtniskonsolidierung auch eine qualitative Verbesserung der Gedächtnisinhalte vollzogen wird. Das heißt, wir sind z.B., nachdem wir geschlafen haben, eher in der Lage, logische Zusammenhänge und Abstraktionen zu begreifen, die wir vor dem Schlafen nicht so gut erfasst hatten[15].

III.3. Schlafzeitpunkt und andere Faktoren

Am besten sind durch Schlaf erlangte Verbesserungen der Gedächtnisleistung nach einem längeren Schlaf, z.B. von 8 Stunden, erkennbar. Aber bereits kürzere Schlafpausen von ein bis zwei Stunden bis hin zu 6 Minuten können nachweislich eine Steigerung der Gedächtnisleistung herbeiführen[16]. Jedoch sind insbesondere für prozedurale Informationen die Ergebnisse nach längeren Schlafphasen am besten. Einige Studien zeigen, dass

---

[14] Born: Memory, S.114.
[15] Ebd., S.116.
[16] Ebd., S.114.

eine kurze Zeitspanne zwischen Lernen und Schlaf die Gedächtniskonsolidierung be-
günstigt. Beispielsweise wurden deklarative Informationen nach einer Schlafphase, die
3 Stunden nach dem Lernen erfolgte, besser behalten als nach einer Schlafphase, die
erst 10 Stunden nach dem Lernen erfolgte[17].

Ebenfalls eine wichtige Rolle spielt anscheinend, ob es sich bei den gelernten Informationen um explizit erworbenes oder implizit erworbenes Wissen handelt, also ob die
Informationsaufnahme bewusst oder unbewusst erfolgt ist. Typischerweise erfolgt das
Lernen von deklarativen Informationen explizit, während beim Lernen von prozeduralen Inhalten sowohl explizite als auch implizite Vorgänge beteiligt sein können. In eini-
gen Studien wurde beobachtet, dass explizit gelernte Inhalte besser behalten wurden als
implizit gelernte Inhalte. So z.b. bei einem „Finger-tapping task", bei dem Probanden
prozedurales Wissen explizit erlernt haben[18].

Ebenso zeigte sich, dass der Konsolidierungseffekt von Schlaf besser wirkte bei Informationen, die für den Lernenden schwer zu erfassen waren oder noch sehr schwach
nach dem Lernen ausgeprägt waren. Auch wurde festgestellt, dass anscheinend Erinnerungen besser im Schlaf gefestigt wurden, die für die Probanden verhaltensrelevant waren. So zeigte sich beispielsweise, dass Schlaf insbesondere die Konsolidierung von
beabsichtigten Zukunftshandlungen und Plänen fördert[19]. Dieser Effekt konnte z.B.
wieder aufgehoben werden, indem man die Probanden vor dem Schlafen bereits die
beabsichtigten Handlungen ausführen ließ. Auch andere motivierungsrelevante Aspekte
waren von Bedeutung. So wurde deutlich, dass Probanden, die zwei verschiedene Se-
quenzen beim Finger-tapping task erlernen mussten, diejenige Sequenz besser in Erin-
nerung behielten, für die sie bei einem erneuten erfolgreichen Test belohnt zu werden
glaubten. Wenn also Erinnerungen zusätzlich noch mit einer bestimmten Motivation
verknüpft sind, deren Verarbeitung wahrscheinlich auf andere Bereiche im Gehirn zu-
rückgeht, möglicherweise den präfrontalen Kortex, so werden diese Erinnerungen offenbar besser behalten. In derselben Weise können Erinnerungen auch mit einem bestimmten Gefühl verknüpft sein, welches wiederum in anderen Bereichen des Gehirns
bearbeitet wird und durch diese Verknüpfung zu einer besseren Konsolidierung beiträgt.

---

[17] Born: Memory, S.115.
[18] Ebd., S.115f..
[19] Ebd., S.116.

III.4. Konsolidierung im SWS und im REM Schlaf

Nach der Entdeckung des REM Schlafs 1953 wurde in der Schlafforschung der Zusammenhang zwischen den Schlafphasen und der Gedächtniskonsolidierung untersucht. Man war anfangs der Auffassung, dass besonders der traumreiche REM Schlaf zu einer Weiterverarbeitung von Gedächtnisinhalten führen könnte, da dieser auch eine höhere kortikale Aktivierung aufwies. Man versuchte, durch gezielte Störung des REM Schlafs die Konsolidierung zu beeinflussen. Allerdings führten Studien an Menschen, bei denen der REM Schlaf selektiv gestört wurde, zu widersprüchlichen Ergebnissen. In vielen Studien wurde deutlich, dass bei deklarativen Lernaufgaben nach REM Schlaf meistens kein Effekt vorhanden war. Allgemein wurde die Methode des selektiven Schlafentzugs kritisiert, da die zahlreichen Weckversuche zu einer Veränderung des Schlafmusters, zu emotionalen Störungen und Stress führen können, was wiederum die Gedächtnisleistung beeinflussen kann[20].

Mit der Zeit verschob sich das Interesse vom REM Schlaf auch zu anderen Schlafphasen und ihrer Bedeutung für die Gedächtniskonsolidierung. Um die oben genannten Probleme zu vermeiden und trotzdem die unterschiedlichen Effekte einzelner Schlafphasen vergleichen zu können, wurde in den 1970er Jahren von Ekstrand et al. ein Versuchsdesign entwickelt, bei dem der Schlaf der ersten Nachthälfte mit dem Schlaf der zweiten Nachthälfte verglichen wird. Da die erste Nachthälfte natürlicherweise durch höhere Anteile an SWS Schlaf und die zweite Nachthälfte durch mehr REM Schlaf Anteile gekennzeichnet ist, kann so ein Vergleich zwischen den verschiedenen Schlafphasen und ihrem Einfluss auf die Gedächtnisleistung aufgestellt werden, ohne dass dabei der übliche Schlafablauf gravierend gestört werden würde. Erstmals wurde hier der Einfluss des SWS vor allem auf deklarative Gedächtnisinhalte entdeckt. So wurde bei Wortpaaren und anderen verbalen Aufgaben deutlich, dass das Gedächtnis besonders von der SWS-reichen ersten Nachthälfte profitierte und nicht vom REM-reichen Schlaf der zweiten Nachthälfte[21].

Dieses neue Versuchsdesign und die Erkenntnis, dass es offenbar wichtige Unterschiede zwischen der Konsolidierung von deklarativen und von prozeduralen Lerninhalten gibt,

---

[20] Born: Memory, S. 116.; Engelmann: Gedächtniskonsolidierung, S.10f..
[21] Engelmann: Gedächtniskonsolidierung, S.10.; Smith K: Off to Night School. *Nat. Neurosci. 497* (2013), S.4.

waren für die Gedächtnisforschung von großer Bedeutung. Im Jahr 1997 untersuchten Plihal und Born erstmals im direkten Vergleich den Einfluss der unterschiedlichen Schlafphasen auf deklarative bzw. prozedurale Lerninhalte.

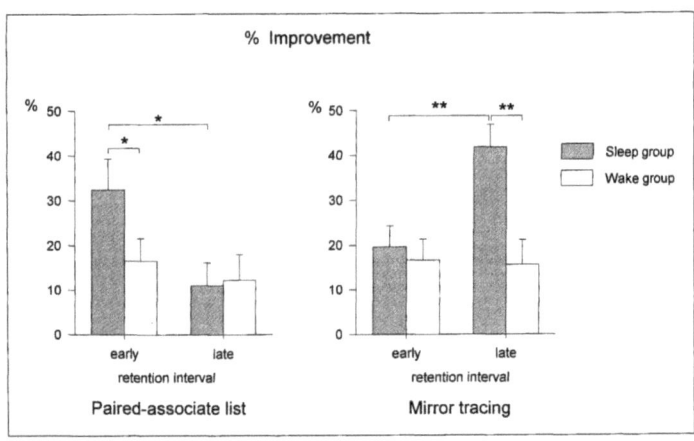

Abbildung 5: Declarative and non-declarative learning during SWS and REM. Plihal: S. 538.

Dabei wurden 2 verschiedene Lernaufgaben gestellt, zunächst eine „paired-associate list" (Liste mit Wortpaaren) für deklaratives Lernen. Hier zeigte sich, dass bei erneutem Testen besonders eine starke Verbesserung nach der ersten Nachthälfte auftrat im Vergleich zur Wachgruppe. Die zweite Nachthälfte hingegen zeigte keine Verbesserung im Vergleich zur Wachgruppe. Die zweite Lernaufgabe war das „mirror tracing", bei dem eine Figur im Spiegel nachgezeichnet werden muss, also eine Aufgabe, die motorische Fähigkeiten und somit prozedurales Lernen forderte. Hier ließ sich erkennen, dass die Verbesserung in der ersten Hälfte im Vergleich zur Wachgruppe unerheblich war. Die zweite Nachthälfte hingegen zeigte sehr deutliche Verbesserungen (siehe Abb. 5)[22].

Die beiden Autoren formulierten aus diesen Erkenntnissen die sogenannte *dual-process hypothesis*, die besagt, dass der SWS Schlaf die Konsolidierung von deklarativen, Hippocampus-abhängigen Gedächtnisinhalten fördert, während der REM Schlaf proze-

---

[22] Plihal W., Born J.: Effects of Early and Late Nocturnal Sleep on Declarative and Procedural Memory. *Journal of Cognitive Neuroscience 9:4, S.538* (1997), S.535f..

durale Inhalte und somit Hippokampus-unabhängiges Gedächtnis fördert. Auch wenn diese Aussage teilweise durch andere Studienergebnisse relativiert wurden, die zu dem Ergebnis kamen, dass auch SWS Schlaf prozedurale Fähigkeiten verbessern kann und REM Schlaf auch deklarative Fähigkeiten, so ist doch bis heute die *dual-process hypothesis* im Großen und Ganzen anerkannt. Die teils abweichenden Ergebnisse lassen sich auch darauf zurückführen, dass die Stimuli der verschiedenen Lernaufgaben oftmals nicht eindeutig einem Gedächtnissystem zugeordnet werden können, also sowohl Anteile an deklarativem wie auch an prozeduralem Lernen haben[23].

Auch konnte beobachtet werden, dass nicht nur SWS und REM Schlaf Einfluss auf die Gedächtnisleistung nehmen können, sondern auch Zwischenstufen beispielsweise die S2 Phase, die bei einer pharmakologischen Unterdrückung des REM Schlafs unerwarteter Weise prozedurales Lernen verbesserte und was wohl auf eine erhöhte Spindel Aktivität während dieser Phase zurückzuführen ist[24]. Dies zeigt nach Born und Diekelmann, dass wohl weniger die Schlafphase *per se* die Gedächtniskonsolidierung beeinflusst, sondern eher die neurophysiologischen Prozesse, die mit den Schlafphasen assoziiert werden (z.b. Spindeln) und von denen einige in verschiedenen Schlafphasen auftreten. Auch wurde in vielen Studien deutlich, dass die optimale Gedächtnisleistung dann auftrat, wenn SWS und REM Schlaf nicht voneinander getrennt, sondern beide zusammen im Schlaf auftraten. So konnten oft bei ein und derselben Lernaufgabe bessere Ergebnisse erzielt werden, wenn z.B. bei einem 90-minütigen Mittagsschlaf nicht nur eine Schlafphase, sondern sowohl SWS als auch REM Schlaf auftraten[25]. Das lässt darauf schließen, dass nicht nur die einzelnen Schlafphasen für eine Konsolidierung wichtig sind, sondern auch das Zusammenspiel zwischen den Schlafphasen, was letztlich die bestmögliche Konsolidierung ermöglicht.

III. 5. Neuronales Replay und Hippocampal-kortikaler Dialog

Experimente an Tieren und Menschen deuten darauf hin, dass im Wachzustand enkodierte Aktivitätsmuster in darauf folgenden Schlafperioden reaktiviert und weiter

---

[23] Vgl. Born: Memory, S. 117.; Engelmann: Gedächtniskonsolidierung, S.12f..

[24] Born: Memory, S. 117.

[25] Ebd., S.117.

durchgespielt werden und dass dadurch sozusagen instabile Gedächtnisspuren stabilisiert werden. Beispielsweise zeigten Wilson und McNaghton 1994, dass bei Ratten diejenigen hippocampalen Konnektivitätsmuster, die einem Orientierungslernen in einem Raum zugeordnet werden können, im nachfolgenden SWS-Schlaf im Hippokampus wiederholt werden[26]. Maquet zeigte 2000 bei gesunden Probanden, dass Aktivitätsmuster im Kortex, die beim Training einer Computeraufgabe (*Serial Reaction Time Task*) auftraten, auch im nachfolgenden REM Schlaf wieder auftraten und zwar wesentlich stärker als ohne vorangegangenes Training. Dabei wurde in Übereinstimmung bisheriger Erkenntnisse eine Verbesserung der Lernleistung nach dem Schlaf festgestellt[27].

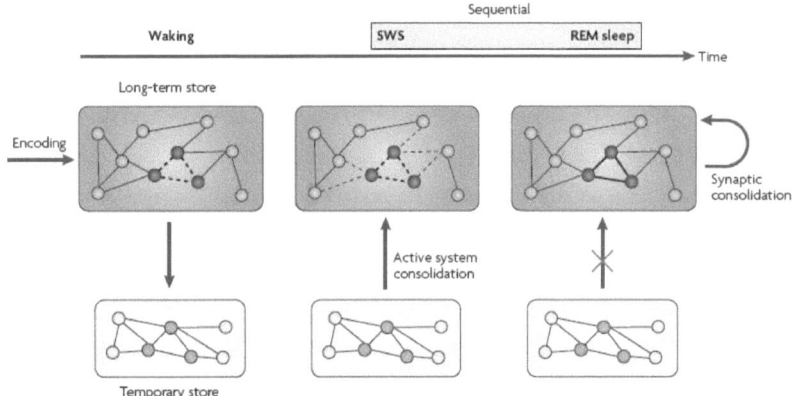

Abbildung 6: Active system consolidation. Born: S.123.

In Abbildung 6 wird für deklaratives Lernen der Verlauf des hippocampal-kortikalen Dialogs dargestellt unter Berücksichtigung der Schlafphasen (wobei hier der Langzeitspeicher den Neokortex und der Kurzzeitspeicher den Hippocampus repräsentiert). Im Wachzustand erfolgen die Enkodierung der Informationen sowie bereits eine erste Konsolidierung im Hippocampus. Dazu werden Informationen vor allem vom Neokortex hin zum Hippocampus übertragen. Während der SWS Phase werden, einhergehend mit reduziertem sensorischen Input, zuvor neu aufgenommene Erinnerungen im Hippocampus erneut aktiviert, was ebenfalls eine Reaktivierung im Neokortex auslöst[28]. Dadurch werden die neu erlernten Informationen sowie ähnlich assoziierte Gedächtnisinhalte (gestrichelte Linie) verstärkt. Man könnte in diesem Zusammenhang auch von

---

[26] Nissen: Schlaf, S.6.

[27] Ebd., S.6.

[28] Vgl. Born: Memory, S. 123.; Nissen: Schlaf, S.7f..

einem Transfer der Informationen vom Hippocampus zurück zum Neokortex sprechen. In dieser Phase treten im Hippocampus typischerweise die *sharp-wave-ripple* Oszillationen auf (siehe Abb. 1b), die sozusagen als Hinweis für den Reaktivierungsprozess gesehen werden können und die einen Transfer zum Neokortex stimulieren. Im Neokortex wird diese erneute Reaktivierung durch das Auftreten von Spindel Oszillationen begleitet. Während des REM Schlafs wird der Transfer vom Hippocampus hin zum Neokortex eingestellt. Hier wird nun insbesondere innerhalb des Neokortex das neu aufgenommene Material umstrukturiert und an die bestehenden synaptischen Strukturen angepasst, es kommt sozusagen zu einer intrakortikalen Konsolidierung und Reorganisation[29].

III.6. Synaptische Homöostase

Parallel zu dem hier gezeigten Modell der aktiven Systemkonsolidierung existiert auch das Modell der synaptischen Homöostase. Diese Theorie entstand basierend auf kombiniert molekularbiologischen und elektrophysiologischen Untersuchungen im Tierexperiment von Tononi und Cirelli (2006) und besagt, dass Schlaf mit einer generellen Herabregulierung (*downscaling*) von Synapsen verbunden sein könnte. Demnach hätte insbesondere der Tiefschlaf die Funktion, tagsüber beim Lernen potenzierte Synapsen wieder herunter zu regulieren und so eine Homöostase für Energie- und Raumverbrauch herbeizuführen. So wären Synapsen für erneutes Enkodieren wieder nutzbar. Nach diesem Modell blieben stark potenzierte, für den Organismus relevante Synapsen erhalten, während andere weniger relevante Synapsen herabreguliert bzw. eliminiert würden. Die Konsolidierung wäre ein Nebeneffekt dieses Vorgangs, der sich auf ein verbessertes Signal-Rausch-Verhältnis der übrig gebliebenen, im Wachzustand stark potenzierten Synapsen zurückführen ließe[30].

---

[29] Born: Memory, S.123.
[30] Nissen: Schlaf, S.8.

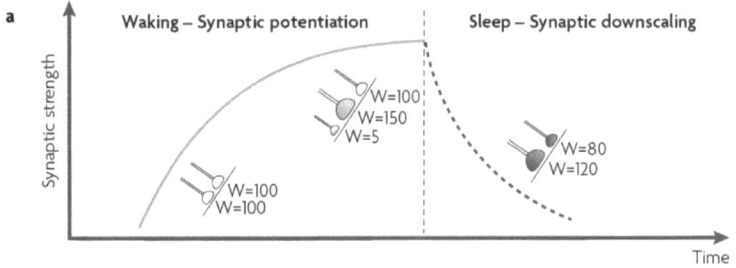

Abbildung 7: Synaptic homeostasis. Born: S.121.

Das Modell der aktiven Systemkonsolidierung schließt die Theorie der synaptischen Homöostase nicht aus. Es liegt nahe, beide Modelle zu integrieren. So könnte gleichzeitig eine Stärkung neuronaler Strukturen stattfinden, beispielsweise durch oben beschriebene Reaktivierung der Lerninhalte, sowie ein synaptisches *downscaling*, welches dafür sorgt, dass weniger relevante Synapsen geschwächt bzw. eliminiert werden. So werden Kapazitäten für neu zu erlernende Inhalte gewonnen, also eine erhöhte synaptische Plastizität.

IV. Diskussion

Wie sich gezeigt hat, haben SWS und REM-Schlaf einander ergänzende Funktionen. Während des SWS Schlafs werden neuronale Prozesse zwischen Hippocampus und Neokortex synchronisiert, im Langzeitspeicher neu eingeordnet und durch Reaktivierung gefestigt. Der REM Schlaf, bei dem der Dialog zwischen Hippocampus und Neokortex nicht mehr stattfindet, könnte die neu integrierten Inhalte im Neokortex durch synaptische Veränderungen noch weiter festigen. Während das Modell der aktiven Systemkonsolidierung eine Erklärung für die Gedächtniskonsolidierung von deklarativen Lerninhalten während des SWS Schlafs liefert, sind jedoch noch viele Fragen offen. Beispielsweise ist die Rolle des REM-Schlafs in diesem Modell noch nicht vollständig ergründet. Wie werden also deklarative Lerninhalte während der REM-Phase weiter verarbeitet? Damit zusammenhängend ist auch noch nicht ganz klar, wie in der REM-Phase beispielsweise die Konsolidierung prozeduraler Gedächtnisinhalte (also weitgehend Hippocampus-unabhängiger Informationen) genau abläuft. Auch die Einbeziehung anderer Faktoren, wie z.b. Emotionen, die im Gehirn an anderen Orten verarbeitet werden, könnte eine Aufgabe für zukünftige Forschungsarbeiten zur Gedächtniskonsolidierung darstellen.

V. Literatur

Birbaumer N, Schmidt R: Biologische Psychologie. 7. überarb. u. erg. Auflage, Heidelberg 2010.

Born J, Diekelmann S: The memory function of sleep. *Nat Rev Neurosci 11,* S.114-126 (2010).

Eichenbaum H: Memory and the Brain. *Scholarpedia 3(3)*, S. 1747 (2008).

Engelmann S: Prozedurale Gedächtniskonsolidierung während Schlaf- und ruhiger Wachperioden am Tag, Phil. Diss., Freiburg 2010.

Göder R et al.: Schlaf, Lernen und Gedächtnis. Relevanz für Psychiatrie und Psychotheorapie. Heidelberg 2014.

Brudy J: Schlaf und Gedächtnis. Spektralanalyse des Schlaf-Elektroenzephalogramms und Gedächtniskonsolidierung bei Patienten mit primärer Insomnie und gesunden Probanden, Phil. Diss., Freiburg 2009.

Nissen C: Schlaf, Gedächtnis und Neuronale Plastizität, Phil. Diss., Freiburg 2011.

Plihal W, Born J: Effects of Early and Late Nocturnal Sleep on Declarative and Procedural Memory. *Journal of Cognitive Neuroscience 9(4),* S.534-547 (1997).

Smith K: Off to Night School. *Nat. Neurosci. 49*, S.4-5 (2013).